甜點女王的
百變杯子蛋糕

用百摺杯做出經典風味蛋糕

賴曉梅 著。楊志雄 攝影

A BEGINNER'S GUIDE TO BAKING CUPCAKES

目錄 CONTENTS

Step 1
聰明選購優良的矽膠模具

- **以嗅覺辨別味道**：矽膠模具如有刺鼻的塑膠味產生表示品質較不優良；材質好的矽膠模具較不會產生異味。
- **SGS 檢驗認證**：購買時請認明 SGS 檢驗認證的相關標示或資料，降低購買到劣質模具的風險。

報告編號

REPORT NO.KE/2005/62669

SGS 人員審核簽名

Kunlin Tsai / Sr. Chemist
Signed for and on behalf of
SGS Taiwan Limited

【圖為本產品的 SGS 原料認證圖】

報告編號

報告編號 : FB/2012/91142

SGS 人員審核簽名

【圖為本產品的 SGS 產品認證圖】

Step 2
使用前，洗去百摺杯表面的灰塵及雜質

矽膠百摺杯須以沸水煮約 15 分鐘，洗去表面的灰塵雜質，再以清水洗淨。

Step 3
使用中，百摺杯耐高溫至 230℃

百摺杯中直接放入材料麵糊即可送入已預熱的烤箱（烤箱溫度 150℃）烘烤，完成後可以直接脫模。其最高耐熱溫度可達260℃，但建議以230℃為準，此溫度為受熱時模具最穩定的狀態。

Step 4
使用後，以軟質海綿清洗

- 以中性洗潔精搭配軟質海綿清洗；勿使用硬質或粗糙的菜瓜布，如鋼絲菜瓜布刷洗。
- 若百摺杯所殘留的味道較重，可使用小蘇打粉加熱水浸泡，泡約 2.5 小時，即可除去味道。

3

以新鮮蔬果為主要食材的杯子蛋糕，烘烤完成後不僅顏色繽紛亮麗，
更可以品嘗到最天然、健康的糕點，自己動手作美味零負擔。

CHAPTER 1
繽紛蔬果杯子蛋糕

香柚杯子蛋糕
GRAPEFRUIT CUPCAKES

☐ 完成數量：10 個

☐ 烤箱溫度：200 ／ 180℃

☐ 製作時間：20 ～ 25 分鐘

材料

A │ 奶油 ·················125g
　│ 細砂糖 ···············125g
　│ 鹽 ·····················1g
B │ 全蛋 ·················150g
C │ 低筋麵粉 ··············180g
　│ 泡打粉 ·················3g
D │ 鮮奶 ··················60g
E │ 柚子醬·················50g

作法

1 將材料 A 倒入攪拌容器中一起打發後，分次加入全蛋攪拌。

2 低筋麵粉、泡打粉過篩，加入作法 1 中攪拌均勻。

3 倒入鮮奶及柚子醬拌勻，裝入擠花袋，擠入模型杯內，擠約 65g 重。

4 放進烤盤，送入烤箱烘烤。

5 烘烤完成，擠上奶油抹醬，撒上糖漬柚子絲、開心果碎為裝飾。

奇異果杯子蛋糕
KIWI CUPCAKES

☐ 完成數量：10 個

☐ 烤箱溫度：200／180℃

☐ 製作時間：20～25 分鐘

材料

A ｜ 奶油 ……………………125g

｜ 細砂糖 …………………125g

｜ 鹽 ………………………1g

B ｜ 全蛋 ……………………150g

C ｜ 低筋麵粉 ………………180g

｜ 泡打粉 …………………3g

D ｜ 鮮奶 ……………………60g

E ｜ 奇異果果泥………………80g

作法

1 將材料 A 倒入攪拌容器中一起打發後，分次加入全蛋攪拌。

2 低筋麵粉、泡打粉過篩，加入作法 1 中攪拌均勻。

3 倒入鮮奶及奇異果果泥拌勻，裝入擠花袋，擠入模型杯內，擠約 65g 重。

4 放進烤盤，送入烤箱烘烤。

5 烘烤完成，放上奇異果片與紅醋栗為裝飾。

Tips－奇異果泥作法

奇異果 1 顆（約 50g）去皮後切碎放入果汁機中，加入水 10g 打成果泥即可；如使用慢磨機不須加水，可直接打成果泥。

黑醋栗杯子蛋糕
BLACKCURRANT CUPCAKES

☐ 完成數量：10 個

☐ 烤箱溫度：200／180℃

☐ 製作時間：20～25 分鐘

材料

A 奶油 ················125g

　細砂糖 ··············125g

　鹽 ··················1g

B 全蛋 ················150g

C 低筋麵粉 ············180g

　泡打粉 ··············3g

D 鮮奶 ················60g

E 黑醋栗果泥 ···········65g

作法

1 將材料 A 倒入攪拌容器中一起打發後，分次加入全蛋攪拌。

2 低筋麵粉、泡打粉過篩，加入作法 1 中攪拌均勻。

3 倒入鮮奶及黑醋栗果泥拌勻，裝入擠花袋，擠入模型杯內，擠約 65g 重。

4 放進烤盤，送入烤箱烘烤。

5 烘烤完成，擠上黑醋栗奶油，放上黑佳麗軟糖、黑醋栗及紅醋栗。

Tips- 黑醋栗果泥作法

黑醋栗 65g 洗淨後直接放入果汁機中打成泥狀；此種水果含水量高，且無纖維所以不用加水即可打為泥狀。

草莓杯子蛋糕
STRAWBERRY CUPCAKES

☐ 完成數量：10 個

☐ 烤箱溫度：200／180℃

☐ 製作時間：20～25 分鐘

材料

A │ 奶油 ························125g

　│ 細砂糖 ·····················125g

　│ 鹽 ··························1g

B │ 全蛋 ························150g

C │ 低筋麵粉 ····················180g

　│ 泡打粉 ·····················3g

D │ 鮮奶 ························60g

E │ 草莓醬·······················60g

作法

1 將材料 A 倒入攪拌容器中一起打發後，分次加入全蛋攪拌。

2 低筋麵粉、泡打粉過篩，加入作法 1 中攪拌均勻。

3 倒入鮮奶及草莓醬拌勻，裝入擠花袋，擠入模型杯內，擠約 65g 重。

4 放進烤盤，送入烤箱烘烤。

5 烘烤完成，擠上草莓鮮奶油，擺上草莓。

Tips - 草莓鮮奶油作法

草莓醬 20g 與鮮奶油 100g 拌勻即可。

金桔杯子蛋糕
KUMQUAT CUPCAKES

☐ 完成數量：**10** 個

☐ 烤箱溫度：**200 ／ 180**℃

☐ 製作時間：**20 ～ 25** 分鐘

材料

A ｜ 奶油 ·····················125g

　｜ 細砂糖 ··················125g

　｜ 鹽 ··························1g

B ｜ 全蛋 ·····················150g

C ｜ 低筋麵粉 ··················180g

　｜ 泡打粉 ·····················3g

D ｜ 鮮奶 ·······················60g

E ｜ 宜蘭金桔·····················45g

作法

1 金桔切碎備用。

2 將材料 A 倒入攪拌容器中一起打發後，分次加入全蛋攪拌。

3 低筋麵粉、泡打粉過篩，加入作法 2 中攪拌均勻。

4 倒入鮮奶及金桔碎拌勻，裝入擠花袋，擠入模型杯內，擠約 65g 重。

5 放進烤盤，送入烤箱烘烤。

6 烘烤完成，擠上奶油抹醬，擺上糖漬金桔及金桔片。

蜜棗杯子蛋糕
PRUNE CUPCAKES

☐ 完成數量：10 個

☐ 烤箱溫度：200／180℃

☐ 製作時間：20～25 分鐘

材料

A｜奶油 ························125g

　　細砂糖 ·····················125g

　　鹽 ·······························1g

B｜全蛋 ························150g

C｜低筋麵粉 ·················180g

　　泡打粉 ·······················3g

D｜鮮奶 ·························60g

E｜加州蜜棗（去籽）········45g

作法

1 將材料 A 倒入攪拌容器中一起打發後，分次加入全蛋攪拌。

2 低筋麵粉、泡打粉過篩，加入作法 1 中攪拌均勻。

3 倒入鮮奶及加州蜜棗拌勻，裝入擠花袋，擠入模型杯內，擠約 65g 重。

4 放進烤盤，送入烤箱烘烤。

5 烘烤完成，擠上奶油抹醬，擺上蜜棗及黑白巧克力卷為裝飾。

葡萄乾杯子蛋糕
RAISIN CUPCAKES

☐ 完成數量：10 個
☐ 烤箱溫度：200／180℃
☐ 製作時間：20～25 分鐘

材料

A | 奶油 ……………………125g
　 | 細砂糖 ……………………125g
　 | 鹽 …………………………1g
B | 全蛋 ……………………150g
C | 低筋麵粉 ………………180g
　 | 泡打粉 …………………3g
D | 鮮奶 ……………………60g
E | 葡萄乾……………………45g

作法

1 將材料 A 倒入攪拌容器中一起打發後，分次加入全蛋攪拌。

2 低筋麵粉、泡打粉過篩，加入作法 1 中攪拌均勻。

3 倒入鮮奶及葡萄乾拌勻，裝入擠花袋，擠入模型杯內，擠約 65g 重。

4 放進烤盤，送入烤箱烘烤。

5 烘烤完成，擠上奶油抹醬，擺上小顆馬卡龍及白巧克力片為裝飾。

Tips

葡萄乾可先以白蘭地酒浸泡，不僅可以增加風味，也可使葡萄乾較易黏著在蛋糕上，不易脫落。

蘋果杯子蛋糕
APPLE CUPCAKES

☐ 完成數量：10 個

☐ 烤箱溫度：200 ╱ 180℃

☐ 製作時間：20 ～ 25 分鐘

材料

A　奶油 ………………………125g

　　細砂糖 ……………………125g

　　鹽 …………………………1g

B　全蛋 ………………………150g

C　低筋麵粉 …………………180g

　　泡打粉 ……………………3g

D　鮮奶 ………………………60g

E　蘋果餡……………………55g

作法

1 將材料 A 倒入攪拌容器中一起打發後，分次加入全蛋攪拌。

2 低筋麵粉、泡打粉過篩，加入作法 1 中攪拌均勻。

3 倒入鮮奶及蘋果餡拌勻，裝入擠花袋，擠入模型杯內，擠約 65g 重。

4 放進烤盤，送入烤箱烘烤。

5 烘烤完成，擠上奶油抹醬，擺蘋果片及藍莓為裝飾。

Tips – 蘋果餡作法

細砂糖 20g、奶油 25g 放入鍋中加熱至金黃色，加入去皮的蘋果丁 160g 煮到軟化，再倒入白酒 5g 及檸檬汁 6g。

櫻桃杯子蛋糕
CHERRY CUPCAKES

☐ 完成數量：10 個

☐ 烤箱溫度：200 ／ 180℃

☐ 製作時間：20 ～ 25 分鐘

材料

A | 奶油 ·····················125g
　| 細砂糖 ·················125g
　| 鹽 ·······················1g
B | 全蛋 ·····················150g
C | 低筋麵粉 ···············180g
　| 泡打粉 ···················3g
D | 鮮奶 ·····················60g
E | 櫻桃醬·····················55g

作法

1 將材料 A 倒入攪拌容器中一起打發後，分次加入全蛋攪拌。

2 低筋麵粉、泡打粉過篩，加入作法 1 中攪拌均勻。

3 倒入鮮奶及櫻桃醬拌勻，裝入擠花袋，擠入模型杯內，擠約 65g 重。

4 放進烤盤，送入烤箱烘烤。

5 烘烤完成，擠上奶油抹醬，放上帶梗櫻桃為裝飾。

Tips- 櫻桃醬作法

去籽櫻桃 120g 與細砂糖 40g 放入鍋中浸泡約 1 小時，加入水 30g 煮至黏稠狀，放入冰箱冷藏一晚即可使用。

芒果杯子蛋糕
MANGO CUPCAKES

☐ 完成數量：10 個

☐ 烤箱溫度：200／180℃

☐ 製作時間：20～25 分鐘

材料

A 奶油 ⋯⋯⋯⋯⋯⋯⋯125g

　　細砂糖 ⋯⋯⋯⋯⋯⋯125g

　　鹽 ⋯⋯⋯⋯⋯⋯⋯⋯1g

B 全蛋 ⋯⋯⋯⋯⋯⋯⋯150g

C 低筋麵粉 ⋯⋯⋯⋯⋯180g

　　泡打粉 ⋯⋯⋯⋯⋯⋯3g

D 鮮奶 ⋯⋯⋯⋯⋯⋯⋯60g

E 芒果泥⋯⋯⋯⋯⋯⋯⋯55g

作法

1 將材料 A 倒入攪拌容器中一起打發後，分次加入全蛋攪拌。

2 低筋麵粉、泡打粉過篩，加入作法 1 中攪拌均勻。

3 倒入鮮奶及芒果泥拌勻，裝入擠花袋，擠入模型杯內，擠約 65g 重。

4 放進烤盤，送入烤箱烘烤。

5 烘烤完成，擠上奶油抹醬，擺上糖片、芒果片及開心果片為裝飾。

Tips - 芒果泥作法

新鮮芒果洗淨去皮後切小塊，約 55g 重，放入果汁機中打成泥狀。

藍莓杯子蛋糕
BLUEBERRY CUPCAKES

☐ 完成數量：10 個

☐ 烤箱溫度：200 ／ 180℃

☐ 製作時間：20 ～ 25 分鐘

材料

A | 奶油 ……………………125g
　| 細砂糖 …………………125g
　| 鹽 ………………………1g
B | 全蛋 ……………………150g
C | 低筋麵粉 ………………180g
　| 泡打粉 …………………3g
D | 鮮奶 ……………………60g
E | 藍莓餡……………………60g

作法

1 將材料 A 倒入攪拌容器中一起打發後，分次加入全蛋攪拌。

2 低筋麵粉、泡打粉過篩，加入作法 1 中攪拌均勻。

3 倒入鮮奶及藍莓餡拌勻，裝入擠花袋，擠入模型杯內，擠約 65g 重。

4 放進烤盤，送入烤箱烘烤。

5 烘烤完成後擠藍莓鮮奶油，擺上新鮮藍莓，再沾點食用金箔為裝飾。

Tips- 藍莓餡作法

新鮮藍莓 140g 與細砂糖 65g 放入鍋中浸泡約 1 小時，加入水 35g 煮至濃稠狀，離火後倒入檸檬汁 1 顆量即可，放入冰箱冷藏一晚備用，風味更佳。

檸檬乳酪杯子蛋糕
LEMON CHEESE CUPCAKE

☐ 完成數量：**10** 個

☐ 烤箱溫度：**200** ／ **180**℃

☐ 製作時間：**20 ～ 25** 分鐘

材料

A | 奶油 ·····················125g
　| 細砂糖 ·················125g
　| 鹽 ······················1g
B | 全蛋 ·····················150g
C | 低筋麵粉 ·················180g
　| 泡打粉 ···················3g
D | 鮮奶 ·····················60g
E | 檸檬汁·····················20g
　| 檸檬皮·····················10g
　| 乳酪丁·····················20g

作法

1 將材料 A 倒入攪拌容器中一起打發後，分次加入全蛋攪拌。

2 低筋麵粉、泡打粉過篩，加入作法 1 中攪拌均勻。

3 倒入鮮奶及材料 E 拌勻，裝入擠花袋，擠入模型杯內，擠約 65g 重。

4 放進烤盤，送入烤箱烘烤。

5 烘烤完成，擠上奶油抹醬，撒檸檬絲為裝飾。

紅蘿蔔杯子蛋糕
CARROT CUPCAKES

☐ 完成數量：10 個

☐ 烤箱溫度：200 ／ 180℃

☐ 製作時間：20 ～ 25 分鐘

材料

A 　奶油 ……………………125g
　　細砂糖 …………………125g
　　鹽 ………………………1g
B 　全蛋 ……………………150g
C 　低筋麵粉 ………………180g
　　泡打粉 …………………3g
D 　鮮奶………………………60g
E 　紅蘿蔔……………………45g

作法

1 紅蘿蔔洗淨後削皮，刨成碎絲備用。

2 將材料 A 倒入攪拌容器中一起打發後，分次加入全蛋攪拌。

3 低筋麵粉、泡打粉過篩，加入作法 2 中攪拌均勻。

4 倒入鮮奶及紅蘿蔔碎絲拌勻，裝入擠花袋，擠入模型杯內，擠約 65g 重。

5 放進烤盤，送入烤箱烘烤。

6 烘烤完成，擺上紅蘿蔔翻糖為裝飾。

Tips - 紅蘿蔔造型翻糖

翻糖分別以紅色色膏及綠色色膏染色，紅色翻糖搓揉成紅蘿蔔形狀，綠色翻糖搓揉為葉子形狀，再組合即可。

番茄乳酪杯子蛋糕
TOMATO AND CHEESE CUPCAKES

☐ 完成數量：10 個

☐ 烤箱溫度：200／180℃

☐ 製作時間：20 ～ 25 分鐘

材料

A ｜ 奶油 ·················125g
　 ｜ 細砂糖 ················125g
　 ｜ 鹽 ····················1g
B ｜ 全蛋 ·················150g
C ｜ 低筋麵粉 ··············180g
　 ｜ 泡打粉 ·················3g
D ｜ 鮮奶 ··················60g
E ｜ 番茄乾·················35g
　 ｜ 乳酪丁·················15g

作法

1 將材料 A 倒入攪拌容器中一起打發後，分次加入全蛋攪拌。

2 低筋麵粉、泡打粉過篩，加入作法 1 中攪拌均勻。

3 倒入鮮奶及番茄乾、乳酪丁拌勻，裝入擠花袋，擠入模型杯內，擠約 65g 重。

4 放進烤盤，送入烤箱烘烤。

5 烘烤完成撒乳酪粉，擺上番茄片、小綠葉及巧克力條為裝飾。

ISSN 0727-6745
03
WHAT TO SE
WITH DR
classic aperitifs • Margaret River

南瓜杯子蛋糕
PUMPKIN CUPCAKES

☐ 完成數量：10 個

☐ 烤箱溫度：200／180℃

☐ 製作時間：20～25 分鐘

材料

A 奶油 ……………………125g

　 細砂糖 …………………125g

　 鹽 ………………………1g

B 全蛋 ……………………150g

C 低筋麵粉 ………………180g

　 泡打粉 …………………3g

D 鮮奶 ……………………60g

E 南瓜泥 …………………60g

作法

1 將材料 A 倒入攪拌容器中一起打發後，分次加入全蛋攪拌。

2 低筋麵粉、泡打粉過篩，加入作法 1 中攪拌均勻。

3 倒入鮮奶及南瓜泥拌勻，裝入擠花袋，擠入模型杯內，擠約 65g 重。

4 放進烤盤，送入烤箱烘烤。

5 烘烤完成，以南瓜造型翻糖為裝飾。

Tips - 南瓜泥作法

南瓜去皮切小塊約 60g 重，放入電鍋蒸熟後搗成泥狀。

Tips - 南瓜造型翻糖

翻糖中分別加入橘色及綠色色膏；橘色翻糖搓揉成圓形，表面上畫出紋路；綠色翻糖搓揉成蒂頭，組合完成為南瓜。

鮮蔬馬鈴薯杯子蛋糕
VEGETABLE AND POTATO CUPCAKES

☐ 完成數量：10 個

☐ 烤箱溫度：200 ／ 180℃

☐ 製作時間：20 ～ 25 分鐘

材料

A │ 奶油 ························125g

   │ 細砂糖 ······················125g

   │ 鹽 ····························1g

B │ 全蛋 ························150g

C │ 低筋麵粉 ····················180g

   │ 泡打粉 ·······················3g

D │ 鮮奶 ·························60g

E │ 綠花椰菜······················30g

   │ 紅蘿蔔丁······················15g

   │ 馬鈴薯丁······················20g

作法

1 綠花椰菜、馬鈴薯丁及紅蘿蔔丁汆燙備用。

2 將材料 A 倒入攪拌容器中一起打發後，全蛋分次加入攪拌。

3 材料 C 的粉類先過篩，加入作法 2 中攪拌均勻。

4 倒入鮮奶及燙熟的綠花椰菜、紅蘿蔔丁及馬鈴薯丁拌勻，裝入擠花袋，擠入模型杯內，擠約 65g 重。

5 放進烤盤，送入烤箱烘烤。

6 烘烤完成，擺上燙熟的綠花椰菜、撒上少許白芝麻及糖粉。

融入創意元素的杯子蛋糕，不論以玫瑰花瓣、竹碳巧克力為主的食材，
或鹹式的糕點，別於市面上常見的口味，不僅美味更令人感到新奇。

CHAPTER 2
創意美味杯子蛋糕

玫瑰杯子蛋糕
ROSE CUPCAKES

☐ 完成數量：10 個

☐ 烤箱溫度：200 ／ 180℃

☐ 製作時間：20 ～ 25 分鐘

材料

A | 奶油 ·······················125g
　 | 細砂糖 ·····················125g
　 | 鹽 ···························1g
B | 全蛋 ·······················150g
C | 低筋麵粉 ···················180g
　 | 泡打粉 ·······················3g
D | 鮮奶 ························60g
E | 乾燥玫瑰花瓣···············15g

作法

1 將材料 A 倒入攪拌容器中一起打發後，分次加入全蛋攪拌。

2 低筋麵粉、泡打粉過篩，加入作法 1 中攪拌均勻。

3 倒入鮮奶及乾燥玫瑰花瓣拌勻，裝入擠花袋，擠入模型杯內，擠約 65g 重。

4 放進烤盤，送入烤箱烘烤。

5 烘烤完成，擠上草莓鮮奶油，撒上少許乾燥玫瑰花瓣為裝飾。

Tips

草莓鮮奶油作法詳見 p.13 頁「草莓杯子蛋糕」Tips。

竹碳巧克力杯子蛋糕
CHOCOLATE CUPCAKES

☐ 完成數量：10 個

☐ 烤箱溫度：200／180℃

☐ 製作時間：20 ～ 25 分鐘

材料

A | 奶油 ……………………125g
　| 細砂糖 …………………125g
　| 鹽 …………………………1g
B | 全蛋 ……………………150g
C | 低筋麵粉 ………………180g
　| 小蘇打粉…………………3g
　| 竹碳可可粉………………15g
D | 鮮奶……………………60g

作法

1 將材料 A 倒入攪拌容器中一起打發後，分次加入全蛋攪拌。

2 材料 C 過篩後加入作法 1 中攪拌均勻。

3 倒入鮮奶拌勻，裝入擠花袋，擠入模型杯內，擠約 65g 重。

4 放進烤盤，送入烤箱烘烤。

5 烘烤完成，放上巧克力碎片、巧克力條，撒上可可粉、食用金箔為裝飾。

黑胡椒乳酪杯子蛋糕
BLACK PEPPER CHEESE CUPCAKES

材料

A	奶油 ……………………125g
	細砂糖 …………………125g
	鹽 ……………………………1g
B	全蛋 ……………………150g
C	低筋麵粉 ………………180g
	泡打粉 ……………………3g
D	鮮奶 ………………………60g
E	黑胡椒粒 ……………………5g
	乳酪丁 ……………………30g

作法

1 材料 A 倒入攪拌容器中一起打發，分次加入全蛋繼續攪拌。

2 低筋麵粉、泡打粉過篩，加入作法 1 中拌勻。

3 依序倒入鮮奶、黑胡椒粒、乳酪丁拌勻，裝入擠花袋，擠入模型杯內，擠約 65g 重。

4 放進烤盤，送入烤箱烘烤。

5 烘烤完成，表面擠少許奶油抹醬，撒上乳酪丁、黑胡椒粒即可。

榛果瑪奇朵杯子蛋糕

HAZELNUT MACCHIATO CUPCAKES

☐ 完成數量：10 個

☐ 烤箱溫度：200 / 180℃

☐ 製作時間：20 ～ 25 分鐘

材料

A 奶油 ……………………125g

　 細砂糖 …………………125g

　 鹽 …………………………1g

B 全蛋 ……………………150g

C 低筋麵粉 ………………180g

　 泡打粉 ……………………3g

D 鮮奶…………………………60g

E 榛果醬……………………25g

作法

1 將材料 A 倒入攪拌容器中一起打發後，分次加入全蛋攪拌。

2 低筋麵粉、泡打粉過篩，加入作法 1 中攪拌均勻。

3 倒入鮮奶及榛果醬拌勻，裝入擠花袋，擠入模型杯內，擠約 65g 重。

4 放進烤盤，送入烤箱烘烤。

5 烘烤完成，撒上榛果粒、巧克力豆、開心果碎、糖粉為裝飾。

紅絲絨巧克力杯子蛋糕
RED VELEVT CUPCAKES

□ 完成數量：10 個

□ 烤箱溫度：200 ／ 180℃

□ 製作時間：20 ～ 25 分鐘

材料

A 奶油 ……………………125g

　細砂糖 …………………125g

　鹽 …………………………1g

B 全蛋 ……………………150g

C 低筋麵粉 ………………180g

　泡打粉 ……………………3g

　可可粉……………………15g

　小蘇打粉 …………………3g

D 鮮奶………………………60g

E 紅色素 ……………………2g

　白醋 ………………………5g

作法

1 將材料 A 倒入攪拌容器中一起打發後，分次加入全蛋攪拌。

2 材料 C 過篩，加入作法 1 中攪拌均勻。

3 倒入鮮奶、紅色素及白醋拌勻，裝入擠花袋，擠入模型杯內，擠約 65g 重。

4 放進烤盤，送入烤箱烘烤。

5 烘烤完成，擠上乳酪抹醬、紅心巧克力片為裝飾。

Tips- 製作紅心巧克力片作法

將融化的部分白巧克力放入擠花袋中擠成中空的心型，待成固體狀即成型；剩餘的白巧克力分別加入粉色及紅色色素，擠在成型的白巧克力上，紅色部分刷上金粉。

青醬咖哩杯子蛋糕
PESTO CURRY CUPCAKES

☐ 完成數量：10 個

☐ 烤箱溫度：200 ／ 180℃

☐ 製作時間：20 ～ 25 分鐘

材料

A 奶油 ……………………125g

　細砂糖 …………………125g

　鹽 ………………………1g

B 全蛋 ……………………150g

C 低筋麵粉 ………………180g

　泡打粉 …………………3g

　咖哩粉 …………………5g

D 鮮奶………………………60g

E 青醬………………………10g

作法

1 將材料 A 倒入攪拌容器中一起打發後，分次加入全蛋攪拌。

2 低筋麵粉、泡打粉過篩，與咖哩粉一同加入作法 1 中攪拌均勻。

3 倒入鮮奶拌勻，裝入擠花袋，擠入模型杯內，擠約 65g 重。

4 放進烤盤，送入烤箱烘烤。

5 烘烤完成，淋上青醬為裝飾。

Tips - 青醬作法

果汁機中放入九層塔 40g（約 50 片）、大蒜 5 瓣、松子 20g、乳酪粉 20g、橄欖油 15g、岩鹽 2g、黑胡椒 3g 打勻倒入容器中，加入美乃滋 40g 拌勻，再倒入鮮奶油 10g 拌均勻即完成。

咖啡杯子蛋糕
COFFEE CUPCAKES

☐ 完成數量：10 個

☐ 烤箱溫度：200／180℃

☐ 製作時間：20～25 分鐘

材料

A 奶油 ·················125g

  細砂糖 ···············125g

  鹽 ···················1g

B 全蛋 ·················150g

C 低筋麵粉 ··············180g

  泡打粉 ···············3g

D 鮮奶 ·················60g

E 咖啡醬 ···············40g

  核桃 ·················25g

作法

1 將材料 A 倒入攪拌容器中一起打發，分次加入全蛋攪拌。

2 低筋麵粉、泡打粉過篩，加入作法 1 中攪拌均勻。

3 倒入鮮奶、咖啡醬及核桃拌勻，裝入擠花袋，擠入模型杯內，擠約 65g 重。

4 放進烤盤，送入烤箱烘烤。

5 烘烤完成，擠上卡布奶油霜，放上咖啡豆造型巧克力豆、巧克力片，撒可可粉為裝飾。

鮭魚黑橄欖杯子蛋糕
SALMON AND BLACK OLIVES CUPCAKES

□ 完成數量：10 個

□ 烤箱溫度：200 ／ 180℃

□ 製作時間：20 ～ 25 分鐘

材料

A | 奶油 ……………………125g
　 | 細砂糖 …………………125g
　 | 鹽 ………………………1g
B | 全蛋 ……………………150g
C | 低筋麵粉 ………………180g
　 | 泡打粉 …………………3g
D | 鮮奶………………………60g
E | 鮭魚丁……………………50g
　 | 黑橄欖……………………10g

作法

1　鮭魚丁燙熟備用。

2　將材料 A 倒入攪拌容器中一起打發後，分次加入全蛋攪拌。

3　低筋麵粉、泡打粉過篩，加入作法 2 中攪拌均勻。

4　倒入鮮奶、鮭魚丁拌勻，裝入擠花袋，擠入模型杯內，擠約 65g 重，表面擺些許黑橄欖片。

5　放進烤盤，送入烤箱烘烤。

6　烘烤完成，放上開心果碎為裝飾。

蜂蜜堅果杯子蛋糕
HONEY NUT CUPCAKES

☐ 完成數量：10 個

☐ 烤箱溫度：200 ／ 180℃

☐ 製作時間：20 ～ 25 分鐘

材料

A 奶油 ·················125g
　細砂糖 ···············125g
　鹽 ···················1g
B 全蛋 ·················150g
C 低筋麵粉 ·············180g
　泡打粉 ···············3g
D 鮮奶·················60g
E 蜂蜜·················40g
　松子·················20g

作法

1 將材料 A 倒入攪拌容器中一起打發，分次加入全蛋攪拌。

2 低筋麵粉、泡打粉過篩，加入作法 1 中攪拌均勻。

3 倒入鮮奶、蜂蜜及松子拌勻，裝入擠花袋，擠入模型杯內，擠約 65g 重。

4 放進烤盤，送入烤箱烘烤。

5 烘烤完成，擠上奶油抹醬，放上松子，再淋蜂蜜醬為裝飾。

Tips

松子可先烘烤過，不僅增加香氣，也使口感更酥脆。

墨西哥紅椒雞肉杯子蛋糕
PAPRIKA CHICKEN CUPCAKES

☐ 完成數量：10 個

☐ 烤箱溫度：200 ／ 180℃

☐ 製作時間：20 ～ 25 分鐘

材料

A | 奶油 ……………………125g
  | 細砂糖 ……………………125g
  | 鹽 ………………………1g
B | 全蛋 ……………………150g
C | 低筋麵粉 …………………180g
  | 泡打粉 ……………………3g
  | 紅椒粉 ……………………6g
D | 鮮奶……………………60g
E | 雞肉丁…………………60g

作法

1 雞肉丁燙熟備用。

2 將材料 A 倒入攪拌容器中一起打發，分次加入全蛋攪拌。

3 低筋麵粉、泡打粉過篩，與紅椒粉一同加入作法 2 中攪拌均勻。

4 倒入鮮奶及雞肉丁拌勻，裝入擠花袋，擠入模型杯內，擠約 65g 重。

5 放進烤盤，送入烤箱烘烤。

6 烘烤完成，擠上乳酪抹醬，撒紅椒粉為裝飾。

瑞可達乳酪杯子蛋糕
RICOTTA CHEESE CUPCAKES

☐ 完成數量：10 個

☐ 烤箱溫度：200 ／ 180℃

☐ 製作時間：20 ～ 25 分鐘

材料

A | 奶油 ……………………125g
  | 細砂糖 …………………125g
  | 鹽 ……………………………1g
B | 全蛋 …………………………150g
C | 低筋麵粉 ………………180g
  | 泡打粉 …………………………3g
D | 鮮奶…………………………60g
E | 瑞可達乳酪………………50g

作法

1 將材料 A 倒入攪拌容器中一起打發後，分次加入全蛋攪拌。
2 低筋麵粉、泡打粉過篩，加入作法 1 中攪拌均勻。
3 倒入鮮奶及瑞可達乳酪拌勻，裝入擠花袋，擠入模型杯內，擠約 65g 重。
4 放進烤盤，送入烤箱烘烤。
5 烘烤完成，放上乳酪丁，撒乳酪粉為裝飾。

抹茶杯子蛋糕
MATCHA CUPCAKES

☐ 完成數量：10 個

☐ 烤箱溫度：200 ／ 180℃

☐ 製作時間：20 ～ 25 分鐘

材料

A | 奶油 ……………………125g
  | 細砂糖 …………………125g
  | 鹽 ………………………1g
B | 全蛋 ……………………150g
C | 低筋麵粉 ………………180g
  | 泡打粉 …………………3g
  | 抹茶粉…………………10g
D | 鮮奶……………………60g

作法

1 將材料 A 倒入攪拌容器中一起打發後，分次加入全蛋攪拌。

2 材料 C 過篩，加入作法 1 中攪拌均勻。

3 倒入鮮奶拌勻，裝入擠花袋，擠入模型杯內，擠約 65g 重。

4 放進烤盤，送入烤箱烘烤。

5 烘烤完成，擠上抹茶鮮奶油，放上裝飾糖片，撒上抹茶粉。

Tips - 抹茶鮮奶油作法

抹茶粉 5g 及鮮奶油 100g 拌勻即成。

伯爵茶杯子蛋糕
EARL GREY CUPCAKES

☐ 完成數量：10 個

☐ 烤箱溫度：200 ／ 180℃

☐ 製作時間：20 ～ 25 分鐘

材料

A ｜ 奶油 ……………………125g

　　細砂糖 …………………125g

　　鹽 ………………………1g

B ｜ 全蛋 ……………………150g

C ｜ 低筋麵粉 ………………180g

　　泡打粉 …………………3g

D ｜ 鮮奶 ………………………60g

E ｜ 伯爵茶葉碎……………15g

作法

1 將材料 A 倒入攪拌容器中一起打發後，分次加入全蛋攪拌。

2 低筋麵粉、泡打粉過篩，加入作法 1 中攪拌均勻。

3 倒入鮮奶及伯爵茶葉碎拌勻，裝入擠花袋，擠入模型杯內，擠約 65g 重。

4 放進烤盤，送入烤箱烘烤。

5 烘烤完成，擠上奶油抹醬，撒伯爵茶葉碎、擺巧克力卷為裝飾。

開心果杯子蛋糕
PISTACHIO CUPCAKES

☐ 完成數量：10 個

☐ 烤箱溫度：200 ／ 180℃

☐ 製作時間：20 ～ 25 分鐘

材料

A| 奶油 ……………………125g
　| 細砂糖 …………………125g
　| 鹽 ………………………1g
B　全蛋 ……………………150g
C| 低筋麵粉 ………………180g
　| 泡打粉 …………………3g
D　鮮奶…………………………60g
E　開心果碎…………………40g

作法

1 將材料 A 倒入攪拌容器中一起打發後，分次加入全蛋攪拌。

2 低筋麵粉、泡打粉過篩，加入作法 1 中攪拌均勻。

3 倒入鮮奶及開心果碎拌勻，裝入擠花袋，擠入模型杯內，擠約 65g 重。

4 放進烤盤，送入烤箱烘烤。

5 烘烤完成，擠上鮮奶油，放上紅醋栗，撒少許開心果碎為裝飾。

作者簡介

賴曉梅

一位已有二十多年經歷的甜點師傅，曾任世貿帝國聯誼社、尊爵
大飯店西點主廚；天王星大都會蛋糕咖啡館西點主廚。2010、
2011 年受邀於擔任「99、100 年國慶酒會」點心製作，以及於
2011 年擔任「上海 FHC 國際烹飪藝術比賽大賽」裁判。

曉梅師傅認為唯有「大膽提問」，才可累積廚藝實力，只要熱衷
於學習自己喜愛的事物，認真努力，相信自己也可以創造出一道
道美味的甜點！

學術經歷：
2010 至今──景文科技大學專技助理教授

重要獎項：
2012 ／ 新加坡 FHA 御廚國際中餐筵席爭霸賽團體組金牌
2009 ／ 泰國曼谷亞洲盃第一屆烹飪賽

        最高榮譽金球獎（創意甜點最高分）

        新亞洲料理團體賽銀牌

        現場甜點個人賽銀牌三項大獎

出版作品：
《甜點女王：50 道不失敗的甜點祕笈》

合著作品：
《西餐大師：新手也能變大廚》
《西餐大師：在家做出 100 道主廚級的豪華料理》
《甜點女王 2 法式甜點：甜點女王的零失敗烘焙祕笈，教你做 54 款超人氣法式點心》

西餐大師：新手也能變大廚(修訂版)

許宏寓、賴曉梅 著／楊志雄 攝影／定價565元

學好西式料理的第一本書，從基礎的刀工、烹煮方式、認識選購食材入門，開胃菜、湯品、沙拉、主菜到美味甜點，step by step全書詳盡的圖解說明，讓新手也能變大廚！

西餐大師：在家做出100道主廚級的豪華料理

許宏寓、賴曉梅 著／楊志雄 攝影／定價649元

公開主廚的私藏秘技，從基本醬汁、配菜、小吃、三明治、開胃菜、湯品、沙拉到主菜等，超過1000張的步驟圖詳盡說明在家輕鬆做出五星級豪華料理。

甜點女王：50道不失敗的甜點秘笈(書+DVD)

賴曉梅 著／楊志雄 攝影／定價580元

甜點女王製作甜點的不敗秘技，以超過700張step by step的步驟圖解，鉅細靡遺的傾囊相授，讓你甜點製作零失敗。隨書附贈實作DVD，隱藏版甜點-巧克力戚風蛋糕製作獨家公開。

甜點女王2法式甜點：甜點女王的零失敗烘焙祕笈，教你做54款超人氣法式點心

賴曉梅、鄭羽真 著／楊志雄 攝影／定價450元

全書收錄七大經典類型，從馬卡龍、手工巧克力、達克瓦茲，到手工軟糖、杯子蛋糕、閃電泡芙、法式甜點；近1000張的圖解步驟，讓你輕鬆做出媲美職人的美味甜點！

甜點女王的
百變杯子蛋糕
用百摺杯做出經典風味蛋糕

作　　　者	賴曉梅	
攝　　　影	楊志雄	
發 行 人	程安琪	
總 策 畫	程顯灝	
總 編 輯	呂增娣	
主　　　編	李瓊絲、鍾若琦	
執 行 編 輯	吳孟蓉	
編　　　輯	程郁庭、許雅眉、鄭婷尹	
編 輯 助 理	陳思穎	
美 術 總 監	潘大智	
執 行 美 編	劉旻旻	
美　　　編	游騰緯、李怡君	
行 銷 企 劃	謝儀方	
發 行 部	侯莉莉	
財 務 部	呂惠玲	
印　　　務	許丁財	
出 版 者	橘子文化事業有限公司	
總 代 理	三友圖書有限公司	
地　　　址	106 台北市安和路 2 段 213 號 4 樓	
電　　　話	(02) 2377-4155	
傳　　　真	(02) 2377-4355	
E － mail	service@sanyau.com.tw	
郵 政 劃 撥	05844889 三友圖書有限公司	

總 經 銷　大和書報圖書股份有限公司
地　　　址　新北市新莊區五工五路 2 號
電　　　話　(02) 8990-2588
傳　　　真　(02) 2299-7900

製版印刷　鴻嘉彩藝印刷股份有限公司
初　　　版　2015 年 5 月
定　　　價　新臺幣 580 元
Ｉ Ｓ Ｂ Ｎ　978-986-364-061-5(精裝)

國家圖書館出版品預行編目 (CIP) 資料

甜點女王的百變杯子蛋糕：用百摺杯做
出經典風味蛋糕 / 賴曉梅作 . -- 初版 . --
臺北市：橘子文化，2015.05
面；　公分
ISBN 978-986-364-061-5(精裝)

1. 點心食譜

427.16　　　　　　　　　104006772

http://www.ju-zi.com.tw
三友圖書
友直 友諒 友多聞

地址： ＿＿＿＿＿ 縣/市 ＿＿＿＿＿ 鄉/鎮/市/區 ＿＿＿＿＿ 路/街

＿＿＿ 段 ＿＿＿ 巷 ＿＿＿ 弄 ＿＿＿ 號 ＿＿＿ 樓

廣 告 回 函
台 北 郵 局 登 記 證
台北廣字第2780號

三友圖書有限公司　收
SANYAU PUBLISHING CO., LTD.

106　台北市安和路2段213號4樓

友圖書 / 讀者俱樂部

填妥本問卷，並寄回，即可成為三友圖書會員。我們將優先提供相關優惠活動訊息給您。

優質好康

粉絲招募
歡迎加入

- 看書 所有出版品應有盡有
- 分享 與作者最直接的交談
- 資訊 好書特惠馬上就知道

旗林文化╳橘子文化╳四塊玉文創╳食為天
https://www.facebook.com/comehomelife
www.ju-zi.com.tw

親愛的讀者：

　　謝謝您購買《 甜點女王的百變杯子蛋糕 》，希望您在看完整個教學光碟，並開始嘗試學做每一道糕點後，填寫這一張問卷調查表，並將此問卷調查表寄回，您寶貴的意見，將是我們未來改進的動力：

1 您對書籍的製作、內容整理有不同的意見嗎？
　□非常滿意 □滿意 □尚可 □不滿意 原因＿＿＿＿＿＿＿＿＿

2 您對於整體的配套、包裝有甚麼意見嗎？
　＿＿＿＿＿＿＿＿＿＿＿＿＿＿＿＿＿＿＿＿＿＿＿＿＿＿＿

3 您覺得整體的售價合理嗎？
　□非常合理□合理□尚可 □太貴 您覺得的合理價格＿＿＿＿＿＿

4 非常感謝您購買此書，您還對哪些主題有興趣？(可複選)
　□異國料理□麵包烘焙類 □甜鹹點心類 □飲品類 □瘦身美容
　□養生保健 □兩性關係 □心靈療癒 □其他＿＿＿＿＿＿＿＿

5 您最常選擇購書的通路是以下哪一個？
　□誠品實體書店 □金石堂實體書店 □博客來網路書店□誠品網路書店
　□金石堂網路書店□PC HOME網路書店 □Costco＿＿＿＿＿
　□其他網路書店＿＿＿＿＿＿＿＿＿□其他實體書店＿＿＿＿＿

6 您是從哪兒得知本書，而購買書籍？
　□實體書店 □廣播媒體 □網路書店 □朋友介紹 □臉書 □其他＿＿

7 優惠訊息您希望我們以何種方式通知您
　□電話 □E-mail □簡訊 □寄送書面宣傳品至貴府

謝謝您提供寶貴的意見，
您填妥寄回後，將我們將不定期提供
最新的會訊與優惠活動資訊給您：

姓名＿＿＿＿＿＿　　出生年月日＿＿＿＿＿＿

電話＿＿＿＿＿＿　　E-mail＿＿＿＿＿＿＿

通訊地址＿＿＿＿＿＿＿＿＿＿＿＿＿＿